# 超爱玩黏土

★ 黏土类图书知名品牌
★ 国内顶级手作团队
  倾力打造黏土创意教程

# 食玩饰品

墨叔
手工工作室
编著

中原出版传媒集团
中原传媒股份公司
河南美术出版社
·郑州·

# 前言 / Preface

　　我从一个单纯的手工爱好者，成长为一名职业手作人，靠的是内心深处对黏土制作的那份热爱。每一次看到黏土在自己手中变成一件件美丽的作品，我都体会到一种发自内心的激动和喜悦。

　　作为墨叔手工工作室的一员，我伴随着工作室逐步成长，也见证了工作室的发展壮大，为此我由衷地欣慰和感动。墨叔手工工作室是一个专业的手工制作室，更是一个交流和分享的平台，它由一群热爱手作的朋友共同搭建，大家在这里互相学习、共同提高，相伴度过美好的手作时光，彼此分享手作带来的幸福感和成就感。

　　我们很高兴地看到，超轻黏土和树脂黏土凭着低成本、易操作、易保存的特点，成为近年来非常流行的一种手工材料，为众多手作爱好者所喜爱。为了与更多的朋友分享超轻黏土和树脂黏土带来的手作乐趣，我们编写了这套"超爱玩黏土"丛书。我很荣幸能参与到这套书的编写与制作中。在这本书中，我们向大家仔细地介绍了多种美食、饰品的制作方法，以从易到难、由简入繁的方式，详细地向大家展示黏土类作品的具体制作方法和技巧。我相信，经过练习，大家能够创作出属于自己的黏土作品。更重要的是，还能够体验手作的快乐，度过幸福的手作时光。

　　体验并分享手作的愉悦和美好，是我们编写这套书的宗旨，也是我们职业手作人的责任。

　　因为手作的本质就是让人感受到幸福和快乐。

墨叔

2019 年 7 月

# 目录 / Contents

注：Chapter 意为"章节"。

Chapter 01

基础知识

# 材料和工具

**超轻黏土**
新型环保的手工材料，色彩鲜艳，使用便利，一次成型，作品可以直接风干进行保存。

**树脂黏土**
一种黏土类手工材料，有透明质感，可在作品表面上色。

**塑料工具三件套**
常用工具，用以辅助造型制作。

**擀棒**
可以把黏土擀成均匀的薄片，常见的有不锈钢材质和亚克力材质。

**丸棒**
常用于压痕，例如压眼窝，也可用来制作花瓣等。

**细节棒、小刀**
细节棒用于制作服饰纹理、人体曲线等。小刀用于切割和缝隙的制作等。

**白乳胶**
可以把黏土作品的各部分粘在一起，也可用于作品和底座的连接。

**仿真糖粒**
制做部分食玩类黏土作品时使用。

**便签夹、弹簧、铁丝、毛刷**
用于制作黏土类作品的表面肌理或是黏土类作品的配件。

**珠光色**
可与黏土混合在一起使用，也可以直接涂抹在黏土上。

**发夹、戒指托、吸铁石**
黏土类作品的配件。

小贴士：该章节中仅介绍了手作中所需的主要材料和工具。

**仿真奶油、仿真巧克力酱、仿真草莓酱**
多用于黏土类食玩作品的制作。

**丙烯颜料**
风干后防水，用于给黏土类作品上色，常搭配丙烯调和液使用。

**色粉**
用颜料粉末制成的干粉涂料。

**仿真椰蓉、仿真白糖**
多用于黏土类食玩作品的制作。

**亮光油**
给树脂黏土类作品上色时使用，可增加作品表面光亮。

**七本针**
用于制作黏土作品的局部肌理。

**叶脉模具、叶形切模**
用于制作黏土类作品。

**双面切膜**
用于制作黏土类作品。

**自行车**
黏土类作品的配件。

# 色彩知识

## 三原色

红色

黄色

蓝色

## 混合色

红色 + 黄色 = 橘黄色

黄色 + 蓝色 = 绿色

红色 + 蓝色 = 紫色

蓝色 + 绿色 = 蓝绿色

红色 + 紫色 = 深紫色

蓝色 + 紫色 = 深蓝色

黄色 + 绿色 = 黄绿色

橘黄色 + 黑色 = 棕色

# 基本手法

### 拉

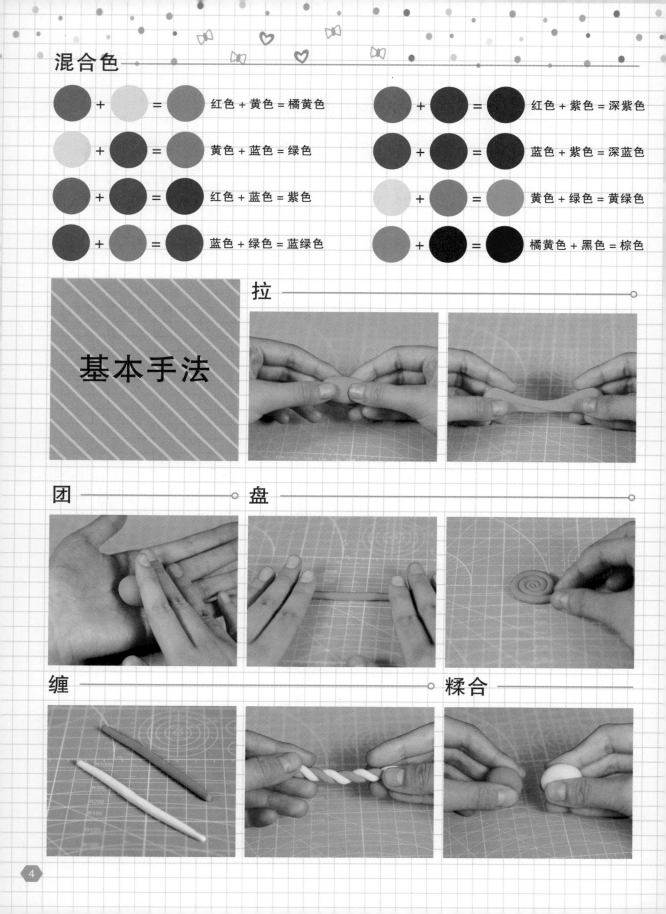

### 团

### 盘

### 缠

### 揉合

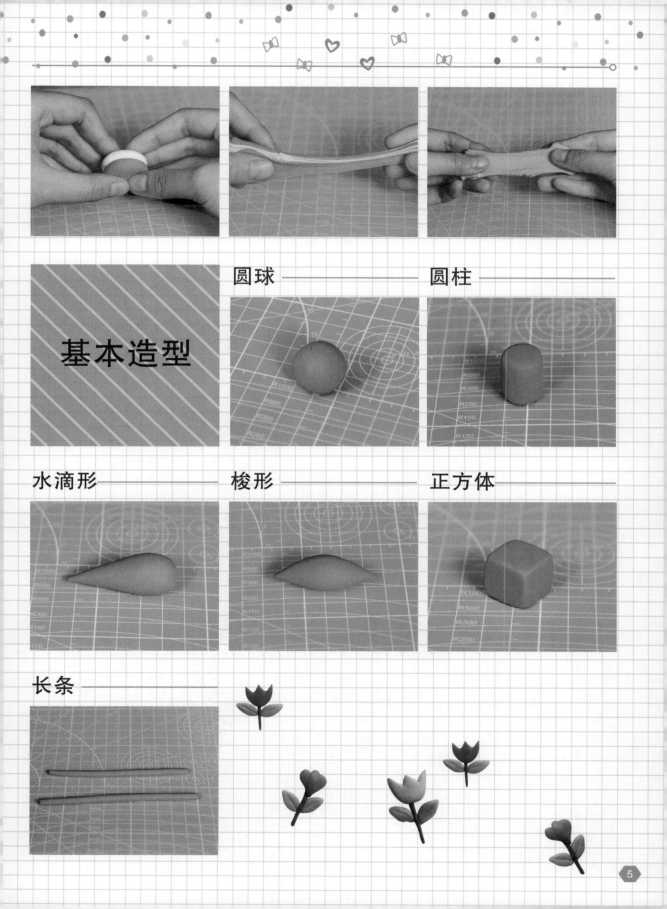

基本造型

圆球

圆柱

水滴形

梭形

正方体

长条

# Chapter 07

## 草莓

"我"在这里，你发现了吗？

# 草莓

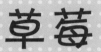

主要材料和工具：
1. 适量白色、红色树脂黏土。
2. 红色、白色丙烯颜料。
3. 牙签、小刀。

小贴士：
可以直接用红色超轻黏土
制作草莓哦！

## 制作步骤：

1 把白色树脂黏土搓成草莓的形状。
2 用牙签戳出草莓上的麻点。
3 用红色丙烯颜料上色。整颗草莓做好了。

4 把白色树脂黏土搓成草莓的形状，再用小刀从中间切开。

5 用牙签戳出草莓上的麻点。

6 如图，用红色和白色丙烯颜料绘制上色。

Chapter 03

芭菲冰激凌

# 芭菲冰激凌

主要材料和工具:
1. 玻璃杯或纸杯。
2. 仿真冰沙、仿真奶油、仿真草莓果酱、仿真巧克力酱、仿真白巧克力酱、仿真椰蓉。
3. 粉红色丙烯颜料。
4. 适量粉红色、浅棕色、棕色、红色超轻黏土。
5. 毛刷、牙签。

## 制作步骤:

1 取出一个玻璃杯,或用一次性纸杯代替。

2 在杯子内放入仿真冰沙。

3 将粉红色丙烯颜料稀释后倒入杯中。

4 挤上一层仿真奶油。

5 再挤上粉红色的仿真草莓果酱。

6 挤上第二层仿真奶油。

7 如图，把粉红色和浅棕色超轻黏土捏制成两个类似圆球的形状，做冰激凌球，再用毛刷在它们的表面刷出粗糙的纹理。

8 把棕色超轻黏土搓成两根长条，作为饼干条。

9 在饼干条的一端抹上仿真巧克力酱。

10 在第二根饼干条的一端也抹上仿真巧克力酱，再将冰激凌球和两根饼干条粘在仿真奶油上。

13

11 挤上仿真白巧克力果酱，再撒上仿真椰蓉。

12 把红色超轻黏土捏制成两颗草莓，再用牙签戳出上面的麻点，然后粘在冰激凌上面，做点缀。

13 芭菲冰激凌制作完成。

Chapter 04

# 薄脆饼干

# 薄脆饼干

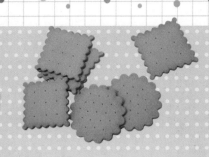

主要材料和工具：
1. 适量浅棕色超轻黏土。
2. 擀棒、双面切模或剪刀、牙签。
3. 色粉刷、棕色色粉。

## 制作步骤：

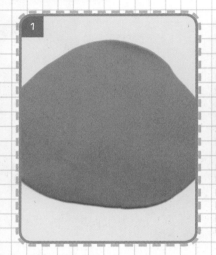

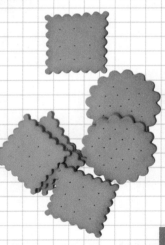

1 把浅棕色超轻黏土擀成薄片。

2 用塑料模具切出或用剪刀剪出饼干的形状。

3 用牙签戳出饼干上的气孔。

4 借助模具制作方形的饼干，或用剪刀剪出来。

5 等干透后，用色粉刷蘸棕色色粉，刷出饼干的质感。

6 用上述方法制作若干不同形状的薄脆饼干。薄脆饼干制作完成。

# Chapter 05

# 甜筒冰激凌

# 甜筒
# 冰激凌

主要材料和工具:
1. 适量浅棕色、粉红色、
蓝色等超轻黏土。
2. 网格模具。
3. 棕色仿真奶油、仿真
糖粒。

## 制作步骤:

1 将浅棕色超轻黏土团成一个大圆球。

2 把圆球压成薄片。

3 把薄片放在网格模具下，压成蛋卷的样子。

4 把蛋卷卷成内空的圆锥。

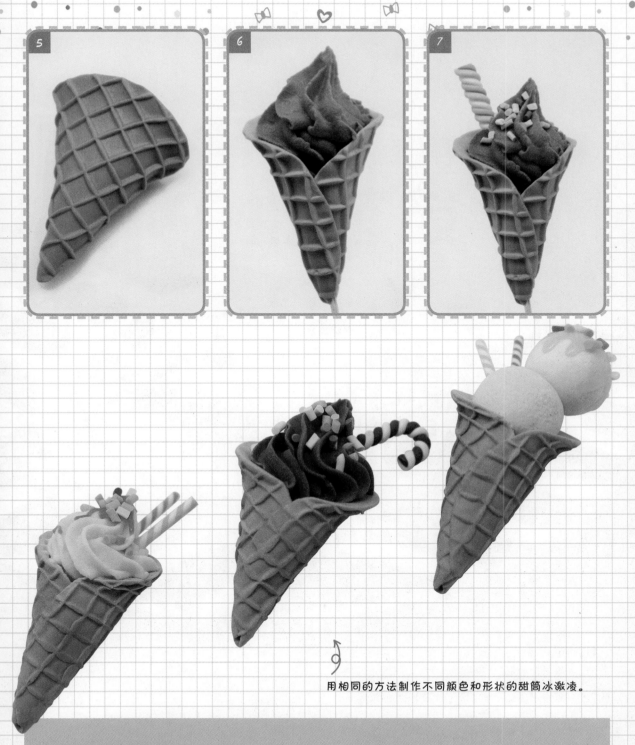

用相同的方法制作不同颜色和形状的甜筒冰激凌。

5 如图，用手指调整边缘处，捏出弧度。

6 挤上棕色仿真奶油。

7 搓三根不同颜色的长条，组合在一起，制作成棉花糖棒，插在奶油上；把仿真糖粒撒在奶油上，也可以把彩色超轻黏土搓成长条再剪成若干小段，粘在奶油上。甜筒冰激凌制作完成。

Chapter 06

# 草莓饼干

# 草莓饼干

主要材料和工具:
1. 适量浅棕色、红色超轻黏土。
2. 毛刷、毛笔、浅棕色色粉、牙签。
3. 白色仿真奶油、仿真白糖。

**制作步骤:**

1 把浅棕色超轻黏土团两个等大的圆球。

2 将两个圆球压扁,作为饼干。

3 用毛刷压出纹理。

4 用毛笔蘸浅棕色色粉，刷出饼干的质感。

5 在饼干上挤白色仿真奶油。

6 用红色超轻黏土捏制草莓，并用牙签戳出麻点，粘在奶油上。

7 用同样的方法再做一片饼干，粘在上面。

8 如图，挤上仿真奶油。
9 用上述方法再捏制一个草莓，粘在仿真奶油上面。
10 撒上仿真白糖。
11 用同样的方法再做一个。草莓饼干制作完成。

# Chapter 07

蛋糕卷

# 蛋糕卷

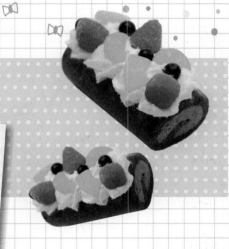

主要材料和工具：
1. 适量深棕色、浅棕色、红色、黄色等超轻黏土。
2. 剪刀、毛刷。
3. 白色仿真奶油、仿真白糖。

## 制作步骤：

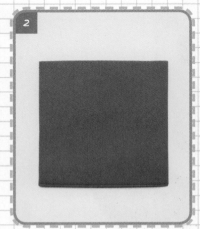

1 将深棕色超轻黏土擀成薄片。

2 再剪成正方形。

3 制作一个浅棕色、略小的长方形，粘在深棕色正方形的上面。

4-5 如图，卷成蛋糕卷的形状。

6 用毛刷轻轻地压出纹理，使表面变粗糙。

7 挤上白色仿真奶油。

8 如图，用超轻黏土捏制若干不同的水果，粘在上面，做点缀。再撒上仿真白糖，蛋糕卷制作完成。

# Chapter 08

# 马卡龙

# 马卡龙

主要材料和工具：
1. 适量浅橘黄色、白色超轻黏土。
2. 七本针或牙签、剪刀。

**制作步骤：**

1-2 把浅橘黄色超轻黏土团成两个圆球，分别适当压扁。

3-4 用七本针或牙签戳出马卡龙的裙边。

用同样的方法捏制不用颜色的马卡龙。

5 把白色超轻黏土团成圆球，并压成圆形薄片。

6 如图，粘在一片马卡龙上。

7 将另一片马卡龙粘在圆形薄片上。马卡龙制作完成。

Chapter 09

牛角包

# 牛角包

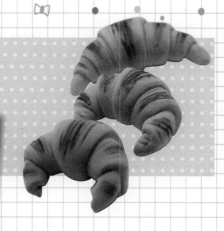

主要材料和工具:
1. 适量浅棕色超轻黏土。
2. 擀棒、小刀。
3. 毛笔，土黄色、棕色、黄色色粉，棕色丙烯颜料。

## 制作步骤:

**1**

**2**

**3**

**1** 将浅棕色超轻黏土擀成薄片。

**2** 切成长三角形。

**3** 如图，把长三角形卷起来。

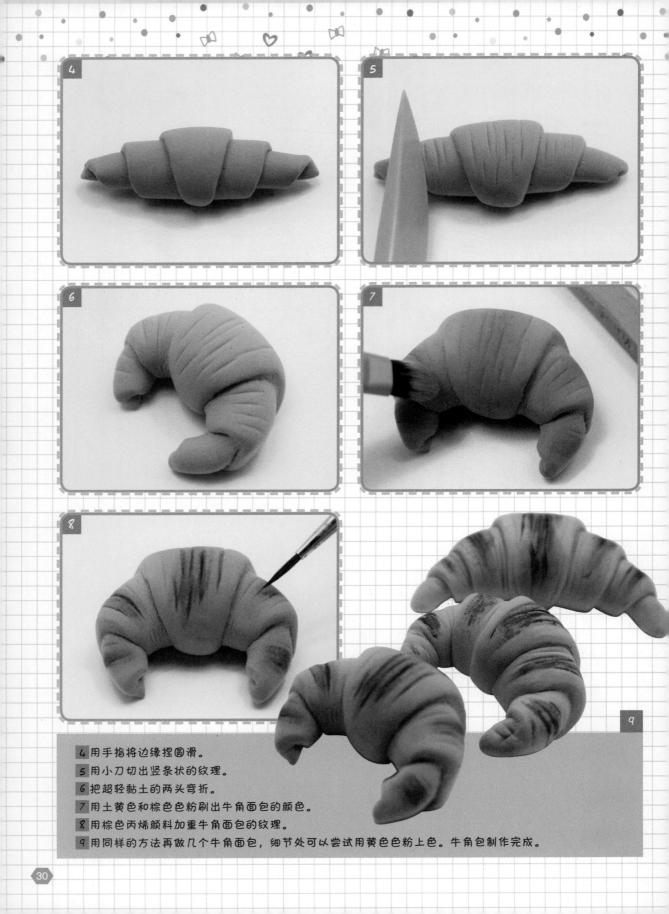

4 用手指将边缘捏圆滑。

5 用小刀切出竖条状的纹理。

6 把超轻黏土的两头弯折。

7 用土黄色和棕色色粉刷出牛角面包的颜色。

8 用棕色丙烯颜料加重牛角面包的纹理。

9 用同样的方法再做几个牛角面包，细节处可以尝试用黄色色粉上色。牛角包制作完成。

Chapter 10

水果蛋糕

# 水果蛋糕

主要材料和工具:
1. 适量浅土黄色、白色、红色、黄色等超轻黏土。
2. 擀棒、剪刀。
3. 棕色和粉红色水彩笔。
4. 仿真白糖。

## 制作步骤:

**1** 把浅土黄色超轻黏土捏制成蛋糕胚的形状。

**2** 擀白色薄片，剪成图中的不规则形状，再把边缘修整圆润。

**3** 将不规则的白色薄片粘在蛋糕胚上，连接处要处理平整。

32

4-5 用之前所学的方法
捏制饼干,再团一个白
色圆球并压扁,用棕色
和粉红色水彩笔在上面
写文字、画图案,并把它
粘在饼干上。

6 如图,用不同颜色的
超轻黏土捏制出不同种
类的水果。

7 把饼干和水果粘在蛋
糕上。

8 撒上仿真白糖。水果
蛋糕制作完成。

Chapter 11

甜甜圈

# 甜甜圈

主要材料和工具：
1. 适量浅棕色、深棕色、蓝色、红色、白色等超轻黏土。
2. 擀棒、双面切模、亮光油。
3. 仿真糖粒、仿真巧克力酱。

制作步骤：

1 团浅棕色圆球，并稍稍压扁。

2 把中心掏空，使其成为圆环，再修整它的边缘。

3 把深棕色超轻黏土擀成薄片。

4 把它剪成圆环，作为巧克力。

5 用手捏出巧克力自然下垂的样子，再把它粘在浅棕色圆环上。

6 刷上亮光油。

7 搓若干彩色细长条，剪成若干小段，粘在甜甜圈上（也可以粘上仿真糖粒）。

8 挤上仿真巧克力酱，也可以把白色超轻黏土搓成长条代替。甜甜圈制作完成。

用同样方法捏制不同口味的甜甜圈。

# Chapter 17

## 草莓发卡

你好，"我"在这里。

# 草莓发卡

主要材料和工具:
1. 适量白色、绿色树脂黏土。
2. 细节棒、铁丝、剪刀、毛笔、小刀、胶带。
3. 黄色、橘黄色、深红色、绿色、红色丙烯颜料。
4. 叶脉模具、小发卡。

**制作步骤:**

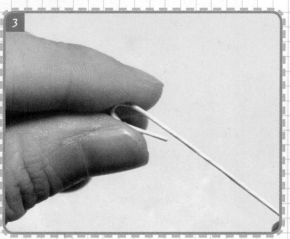

1 将白色树脂黏土搓成胖水滴形。

2 用细节棒倾斜着戳出草莓上的小麻点。

3-4 把铁丝的一头折弯，将弯曲的一头插入草莓内部，之后待其自然晾干。

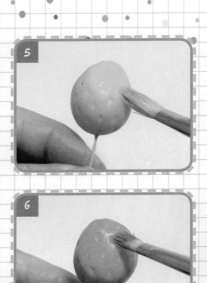

5-7 等其晾干后，先用黄色丙烯颜料均匀地涂满整个草莓，待干后再用橘黄色丙烯颜料叠色，之后，用深红色丙烯颜料从草莓尖开始上色，深红色要由深到浅逐渐过渡到草莓底部。

8 用同样的方法再做一个草莓，草莓的样子要有所变化。

9-10 取黄绿色树脂黏土，搓成细长水滴形，在粗的一头剪出六片小叶子。

11-12 把小叶子展开，再把每一片小叶子稍稍压扁。

13 如图，将铁丝的另一端从花托的中心穿过，把花托和草莓组合在一起；再用黄绿色树脂黏土包裹铁丝。

14 用上述方法再做两个草莓备用。

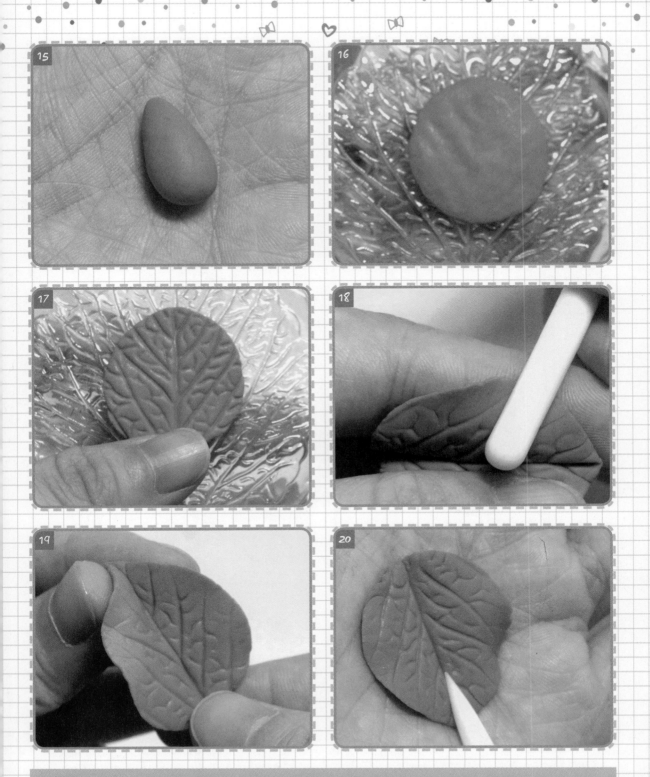

15-17 把黄绿色树脂黏土搓成胖水滴形，在叶脉模具上压出叶脉；也可以把胖水滴形压扁后，用小刀刻画出叶脉。

18-20 借助工具或双手修整叶子外形，之后用细节棒加重中间主叶脉的痕迹。

21-22 如图，将铁丝沿着中间主叶脉包裹在叶子内，用同样的方法再做三片叶子。

23-25 用绿色丙烯颜料从叶子根部上色，用黄色丙烯颜料从叶尖向下上色，叶子的边缘稍微涂一点红色丙烯颜料。用同样的方法给其他的叶子上色。

26-27 选两个小草莓，先用胶带把它们粘在一起；再选三片叶子，用胶带粘在草莓的下面。
28 用黄绿色树脂黏土包裹裸露的胶带，再剪去多余部分。
29 将作品和小发卡固定在一起，草莓发卡制作完成。

Chapter 13

康乃馨手镯

# 康乃馨
# 手镯

主要材料和工具：
1. 适量纯色、白色、红色、黄色、绿色树脂黏土。
2. 铁丝、擀棒、双面切模、剪刀、细节棒、叶形切模、叶脉模具、小刀、白乳胶、毛笔。
3. 绿色、粉红色丙烯颜料，珠光色。
4. 手镯托。

## 制作步骤：

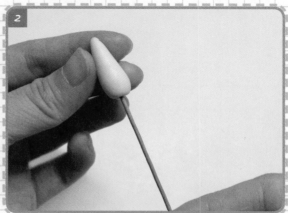

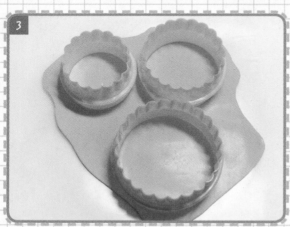

1 在纯色树脂黏土中加少量白色、红色、黄色树脂黏土，再进行调色，取出一部分，将其搓成水滴形。

2 把铁丝插入水滴形内部。

3 把剩下的树脂黏土擀成一个薄片，用双面切模切出三个大小不一的圆形；也可以剪出三个不同大小的圆形。

4 在最小的圆形上，用细节棒轻轻地压出它的两条直径。

5 如图，用细节棒沿着圆形的外框画出花边。

6-7 继续用细节棒沿外轮廓压出波浪形。

8 用剪刀沿两条直径的压痕稍微剪一下。

9 把步骤 2 中的铁丝插入圆形中心。

10-12 把圆形向上推，使其成为花瓣，再把花瓣底部捏紧。

13 扶好花头，轻轻地除去花瓣底部多余的树脂黏土。

14-19 用上述方法把步骤3中制作的另外两个圆形捏制成花瓣，一朵盛开的康乃馨做好了。

20 用同样的方法再做一朵小一点的康乃馨。

21 在纯树脂黏土中加绿色树脂黏土，再加少量黄色树脂黏土，调出黄绿色，把它搓成胖水滴形，做花托。

22 把胖水滴形的尖头剪开。

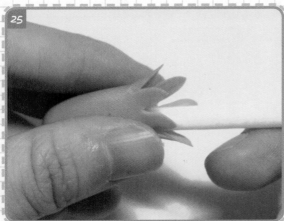

23 压出花托上的小叶子。

24-25 如图，把细节棒插进花托内部，逐渐将其内部掏空。

26 把花朵插入花托内部。

27 用细节棒压出花托上的纹理。

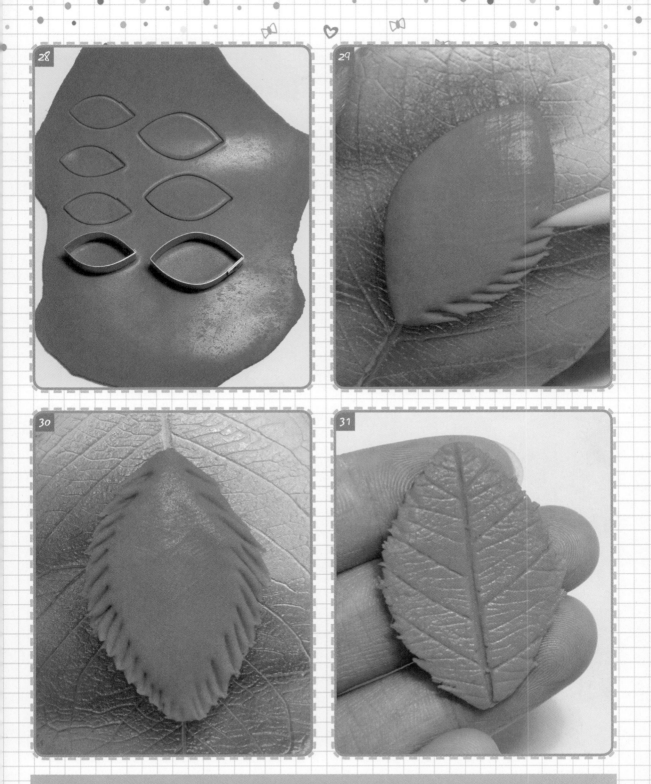

28 把黄绿色树脂黏土擀成薄片，再用叶形切模按压出几个不同大小的叶子；也可以用剪刀剪出叶子的形状。

29-31 把叶子按压在叶脉模具上，压出叶脉，再沿叶子的外轮廓压出边缘上的刺，然后把叶子翻到正面。如果没有叶脉膜具就用小刀刻出叶脉。

32-33 用细节棒修整叶子的外形，并加重中心叶脉的痕迹。

34-35 把铁丝裹在中心叶脉里，待其干后，刷上绿色丙烯颜料。用同样的方法再做几片叶子备用。

36-37 找一个自己喜欢的手镯拖，在底托抹白乳胶，再把黄色树脂黏土按在白乳胶上固定。

38 把做好的两朵康乃馨粘在上面。

39 把叶子组合并粘贴在康乃馨周围。

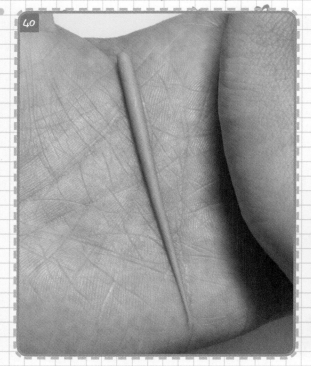

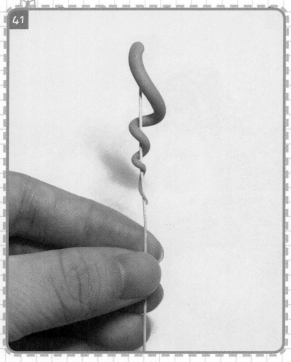

40-41 搓一根细长条，将其卷成藤蔓。

42 把藤蔓组合粘贴在合适位置上。

43 蘸取少量粉红色丙烯颜料，轻涂在花瓣顶端。

44-45蘸取珠光色，轻涂每片花瓣、叶子以及藤蔓。

46康乃馨手镯制作完成。

# Chapter 14
## 马蹄莲胸花

# 马蹄莲
# 胸花

主要材料和工具：
1. 适量黄绿色、黄色、白色树脂黏土。
2. 铁丝、牙签、擀棒、小刀、细节棒。
3. 叶脉模具。
4. 黄色、白色、绿色丙烯颜料。
5. 丝带。

## 制作步骤：

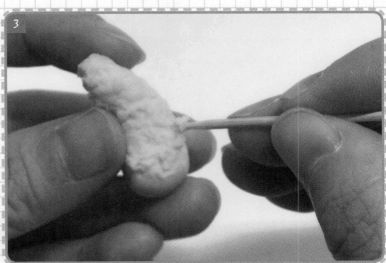

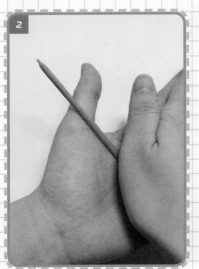

1-2 把黄绿色树脂黏土均匀地包到铁丝上，将表面搓光滑，作为花杆。

3-4 把黄色树脂黏土搓成水滴形，用牙签在它的表面扎出茸茸的质感，插在花杆的一端，作为花蕊。

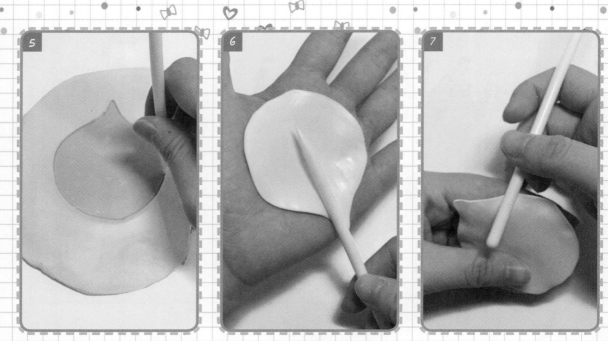

5 把白色树脂黏土擀成薄片，利用模具或是直接画出花瓣的外形，再切下来。

6-7 用细节棒修整花瓣边缘。

8-9 把花瓣包在花蕊外。

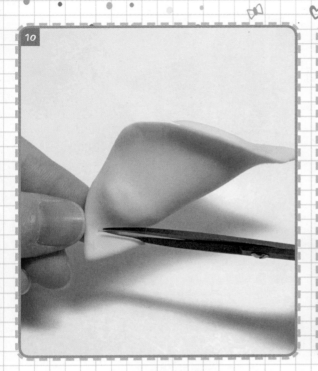

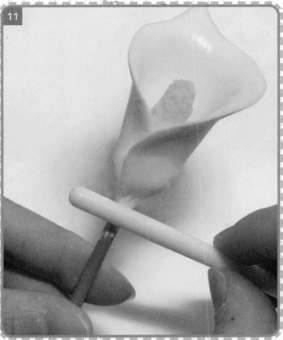

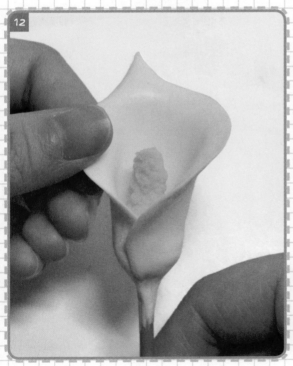

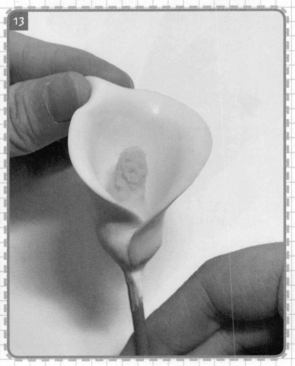

10-11 剪去背面多余的树脂黏土,用细节棒把花瓣和花杆相连处修平整。

12-13 把花瓣外翻,修整花尖。

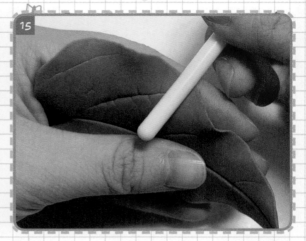

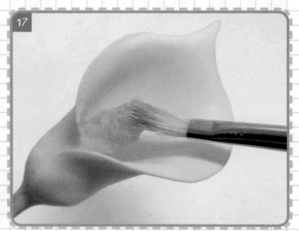

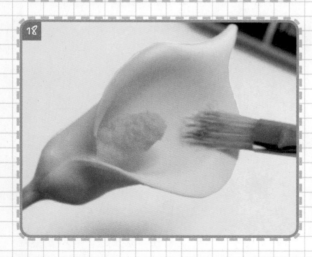

14-15 把黄绿色树脂黏土擀成薄片，剪出叶子的外形，再放到叶脉模具上压出叶脉，也可以画出叶脉；然后，修整叶子边缘。

16 用做花杆的方法制作叶柄，并包在中心叶脉里。

17-19 给花蕊涂上黄色丙烯颜料，给花瓣涂上白色丙烯颜料，再给花朵的边缘涂上绿色丙烯颜料。

**20-21** 用绿色丙烯颜料涂叶子根部，叶子尖端涂黄色丙烯颜料。

**22** 用上述方法再制作一朵花和一片叶子，组合成自己喜欢的样子，再系上丝带。马蹄莲胸花制作完成。

# Chapter 15

## 玫瑰发卡

# 玫瑰发卡

主要材料和工具：
1. 适量浅蓝紫色、黄绿色树脂黏土。
2. 铁丝、擀棒、剪刀、小刀、牙签。
3. 叶形切模、细节棒、叶脉模具。
4. 热熔胶枪、白乳胶或胶水。
5. 发卡。
6. 白色、绿色丙烯颜料。

## 制作步骤：

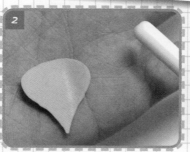

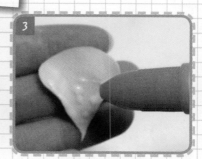

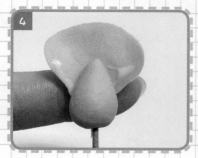

1 调出浅蓝紫色树脂黏土，取出一部分搓成一个胖水滴形，插在铁丝上，做花蕊。

2-4 再搓一个胖水滴形，用擀棒把它擀平，做花瓣，之后在花瓣上涂白乳胶或胶水，垂直粘在花蕊外。

5-6 如图，包好。

7 用上述方法捏制小一些的花瓣，逐片地包在花蕊外层。

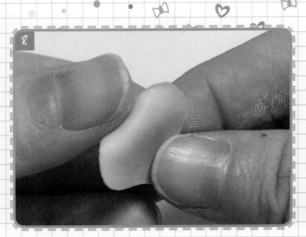

8-11 制作外层花瓣时，要往外捏出弧度，注意越外层的花瓣弧度越大，要逐片地贴好。

12 用上述方法再捏制两朵大小不一的玫瑰花。

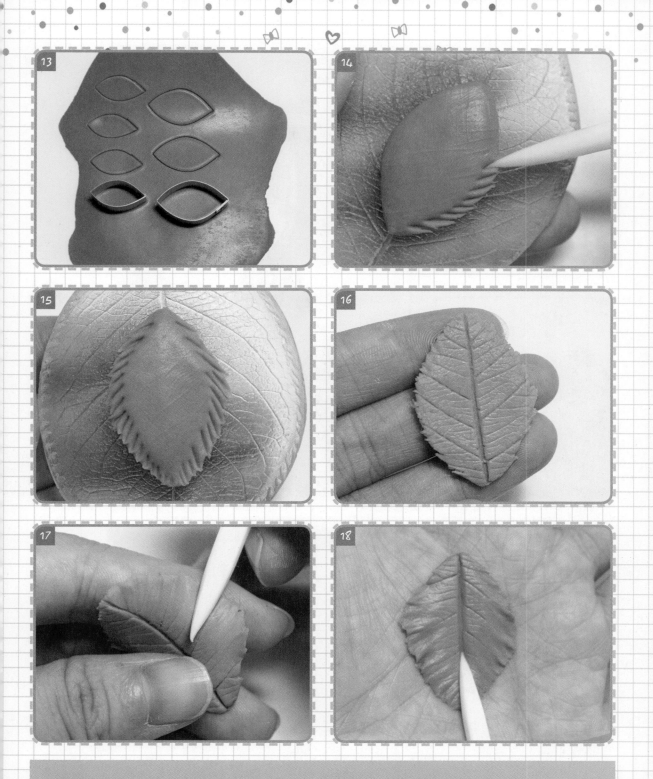

13 把黄绿色树脂黏土擀成薄片，用叶形切模工具按压出叶子的形状，也可以用剪刀剪出来。

14-16 把叶子按在叶脉模具上，用小刀倾斜着划出叶子边缘的样子，再揭下来，翻到正面。

17-18 如图，修整叶子边缘，并加深中心叶脉的痕迹。

19-20 用手稍微捏一下叶尖。用上述方法再做四片叶子。

21 用热熔胶枪把玫瑰花和叶子粘在发卡上，也可以用白乳胶或胶水粘。

22-23 根据发卡的大小，把多余的部分用剪刀减掉。

24-25 搓黄绿色细长条，缠在牙签上，做藤蔓，并粘在合适的位置上。

26-27 如图，等树脂黏土干透后，用白色和绿色丙烯颜料分别给花朵、藤蔓、叶子上色。

28 玫瑰发卡制作完成。

# Chapter 16

梅花胸针

# 梅花胸针

主要材料和工具：
1. 适量白色、浅粉红色、深棕色树脂黏土。
2. 铁丝、剪刀、细节棒、擀棒、胶带。
3. 红色、深棕色丙烯颜料。
4. 别针。

**制作步骤：**

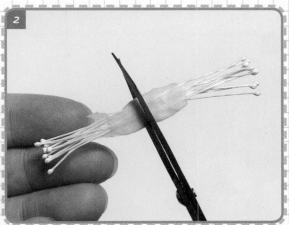

 把白色树脂黏土团成若干小圆球，分别包在铁丝两头。如图，用浅粉红色树脂黏土把铁丝固定在一起，然后，从中间剪开，再把它固定在一根长铁丝上，作为花蕊。

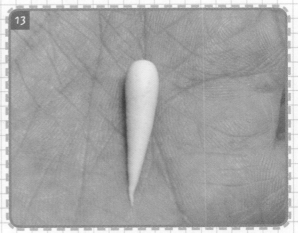

4-9 调出浅粉红色树脂黏土，把它搓成水滴形；将圆头剪成五片，用细节棒把每片花瓣轻压一下，并擀开，再轻戳花蕊的位置。

10-12 把花蕊插入花朵中间，修整花朵背面，剪去多余的树脂黏土，一朵梅花就做好了。

13-15 搓一个小一点的水滴形，用上述方法捏制另一朵小花。

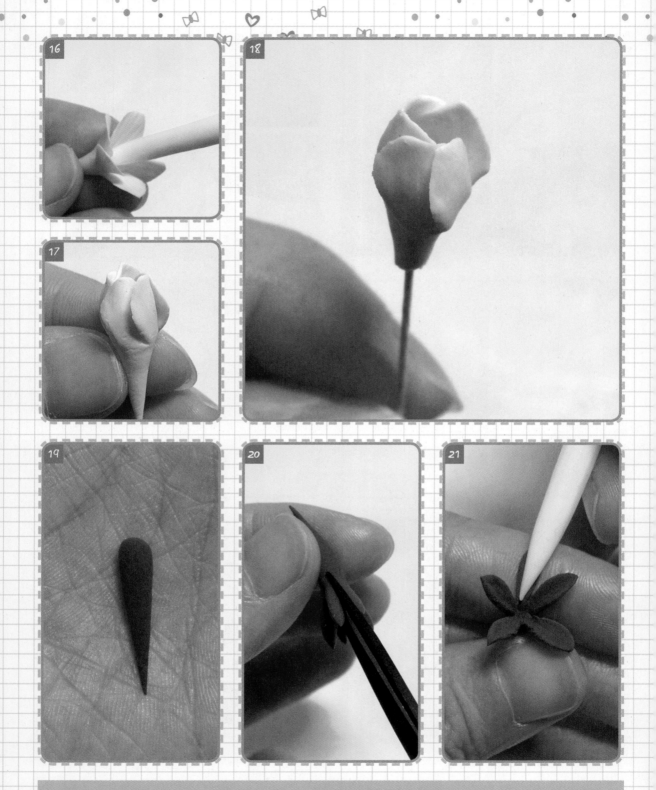

16-18 把小花朵的花瓣往上收拢，形成一个花苞，插在铁丝上。

19-21 搓一个深棕色的小水滴形，将圆头剪成五片，用工具修整每片萼片。

22-23 如图，插在梅花的下面，作为花托，并把花托下面多余的树脂黏土包到花杆上。

24-25 给花蕊刷上红色丙烯颜料，花瓣也要刷上红色丙烯颜料，但要刷出渐变的效果。再用同样的手法刷花苞。

26 用上述方法再制作两枝梅花和花苞。

27-29 用胶带把梅花和花苞固定到一根长铁丝上，梅花和花苞要错落有致。

30 如图，调整整体，个别处刷上深棕色丙烯颜料。

31 如图，拿出一个小别针，粘上同样大小的树脂黏土。

32 把别针粘在花杆上。梅花胸针制作完成。

# Chapter 17

## 水母书签

# 水母书签

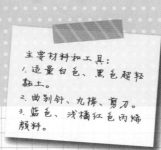

主要材料和工具:
1. 适量白色、黑色超轻黏土。
2. 曲别针、丸棒、剪刀。
3. 蓝色、浅橘红色丙烯颜料。

## 制作步骤:

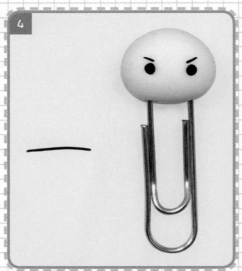

1 把白色超轻黏土团成圆球,把曲别针插在圆球上,调整圆球形状,使其像一个稍扁的小馒头。

2 用丸棒点出眼睛的位置。

3 团两个黑色的小圆球并压扁,粘在坑里,作为眼睛。

4-5 搓黑色细长条,剪出眉毛、嘴巴,粘在合适位置上。

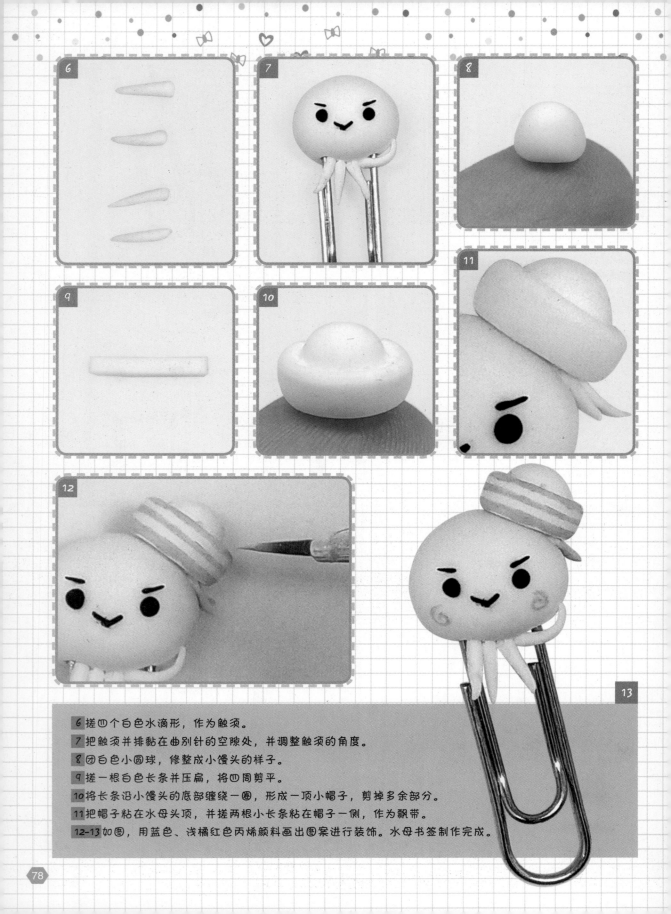

6 搓四个白色水滴形，作为触须。

7 把触须并排黏在曲别针的空隙处，并调整触须的角度。

8 团白色小圆球，修整成小馒头的样子。

9 搓一根白色长条并压扁，将四周剪平。

10 将长条沿小馒头的底部缠绕一圈，形成一顶小帽子，剪掉多余部分。

11 把帽子粘在水母头顶，并搓两根小长条粘在帽子一侧，作为飘带。

12-13 如图，用蓝色、浅橘红色丙烯颜料画出图案进行装饰。水母书签制作完成。

# Chapter 18

## 向日葵

# 向日葵

主要材料和工具：
1. 适量浅黄色、深棕色、黄绿色树脂黏土。
2. 叶形切模、剪刀、擀棒、细节棒、铁丝、叶脉模具。
3. 黄色、橘红色、白色、绿色丙烯颜料。

## 制作步骤：

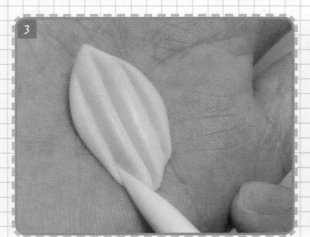

1 把浅黄色树脂黏土擀成薄片，用叶形切模工具压出花瓣的形状，或用剪刀剪出花瓣的形状。

2-4 用擀棒擀花瓣，使其边缘变薄，用细节棒压出花瓣的纹路。

5 在花瓣的一端插入铁丝。

6-8 等花瓣干透后，用黄色丙烯颜料涂其主体，用橘红色涂根部，用白色涂花瓣顶部，颜色过渡要自然。

9 再用同样的方法制作若干花瓣。

10 团深棕色圆球并稍稍压扁，作为向日葵的圆盘。

11-13 把花瓣依次插入圆盘四周，作为外层花瓣。

14-15 在外层花瓣内部再插入一圈花瓣。

16 如图，把圆盘向下压，把花瓣向内收拢。

17 用细节棒在圆盘内划出纹理。

18-20 把黄绿色树脂黏土擀成薄片，画出叶子的形状，将其放到叶脉模具上压出叶脉，也可以画出叶脉。

21 修整叶子边缘。

22 将铁丝插入叶脉内部。

23-24 等叶子干透后，用绿色丙烯颜料上色，叶尖和四周可以适当加入黄色，颜色过渡要自然。

25 把叶子横着插入圆盘内。

26 再制作几片叶子，然后，把叶子和花朵组合在一起。向日葵制作完成。

Chapter 19

# 小丑鱼磁力贴

# 小丑鱼
# 磁力贴

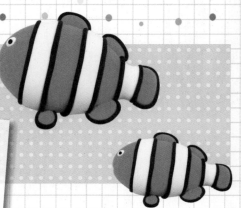

主要材料和工具：
1.适量橘红色、白色、黑色超轻黏土。
2.小刀、擀棒、剪刀。
3.吸铁石。

## 制作步骤：

1-2 取橘红色超轻黏土，把它搓成胖水滴形，并稍稍压扁，作为鱼的身体。

3 如图，用小刀压出一条痕迹，作为嘴巴。

4 团一个小圆球。

5-6 将小圆球捏成圆润的扁三角形，用小刀划出痕迹，把它粘在身体末端，作为尾巴。

7-8 将白色超轻黏土擀成薄片，剪成三根长条，缠绕在鱼的身上。

9-10 如图，做大小不一的五个鱼鳍，用小刀划出痕迹，把它们分别粘在鱼身上、下两侧。

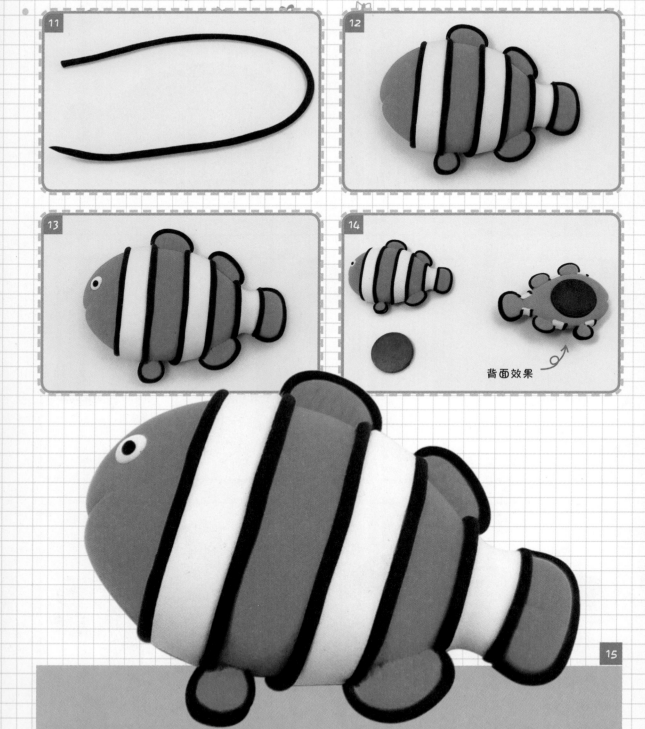

11-12 搓黑色细长条，如图，缠绕在鱼身上。

13 团白色小圆球和黑色小圆球并压扁，组合成眼睛，粘在合适位置上。

14 在背面粘上吸铁石。

15 小丑鱼磁力贴制作完成。

背面效果

# 雏菊戒指

主要材料和工具：
1. 适量黄色、白色、黄绿色树脂黏土。
2. 铁丝、细节棒、擀棒、剪刀。
3. 白色、橘红色、绿色丙烯颜料，毛笔。
4. 戒指底座。

## 制作步骤：

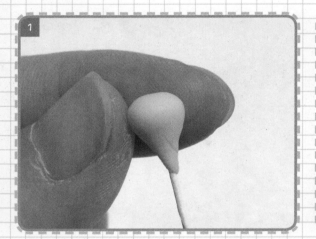

1 取黄色的树脂黏土，把它搓成小水滴形，将尖头插在铁丝上。

2 如图，用细节棒在水滴形上画圈圈，做出茸茸的质感，作为花蕊。

3-4 搓一个白色的大水滴形，把圆头剪成八瓣。

5-7 把花瓣展开，用细节棒将每一片花瓣轻轻地擀开。

8 插入花蕊。

9 用手把花瓣往上托一下。

10 用擀棒擀黄绿色薄片，然后，剪出叶子的形状。

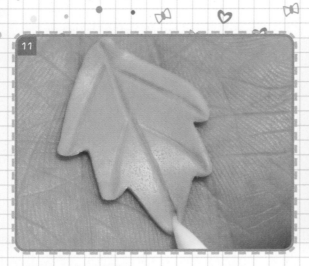

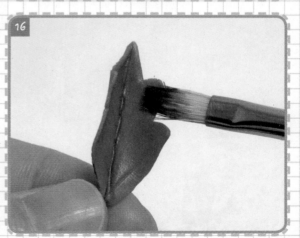

11-13 用细节棒画叶脉，用擀棒修整叶子的边缘。

14-16 等花和叶子干透后，用白色丙烯颜料刷花瓣，用橘红色丙烯颜料刷花蕊，再用绿色丙烯颜料刷叶子。

17-18 取出戒指底座，在上面粘白色树脂黏土。用上述方法再做两朵花，把花朵下方多余的铁丝剪掉，再把三朵花粘在戒指上。

19-20 再制作一片叶子，把叶子插在戒指底座上。

21 雏菊戒指制作完成。

21

# 刺球盆景

主要材料和工具：
1. 适量浅黄色、黄绿色树脂黏土。
2. 铁丝、剪刀、细节棒、擀棒。
3. 粉红色、绿色丙烯颜料。
4. 绿色胶带、花盆。

## 制作步骤：

1 把树脂黏土调成浅黄色，将它搓成胖水滴形，再把铁丝插入胖水滴形的圆头内。

2-5 把胖水滴形倒过来，一手捏着铁丝，一手拿着剪刀一层层地剪出刺球上的刺，注意下一层要从上一层两个刺中间的缝隙处开始剪。

6-9 取适量黄绿色树脂黏土，将它搓成长水滴形，把圆头剪成六瓣，再用细节棒把每一瓣擀平，作为花托。
10 把刺球插到花托内。
11 露在外面的铁丝用树脂黏土包上，刺球就做好了。

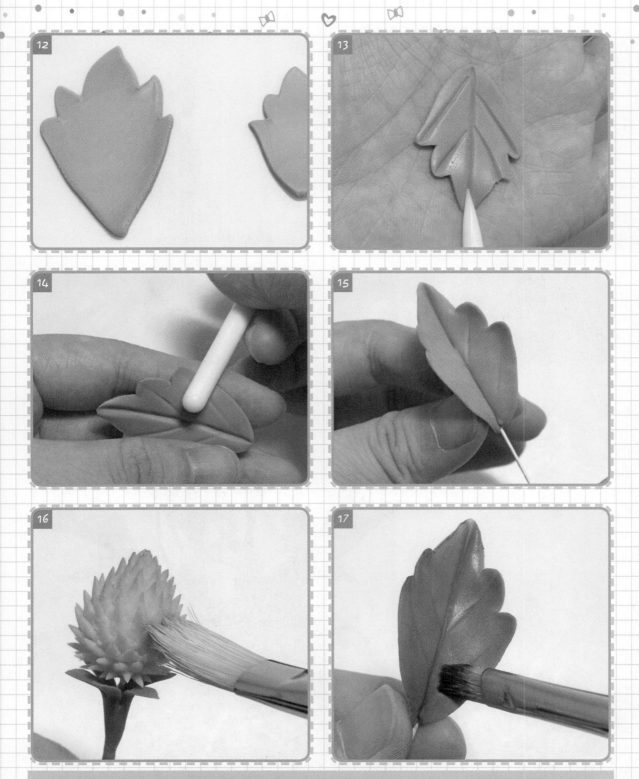

12-15 擀黄绿色薄片，剪出叶子的形状，再画出叶脉；用擀棒修整叶子的外形，把铁丝插在叶脉内。

16-17 取粉红色丙烯颜料轻刷刺球的顶部，并往下延伸，涂出渐变的效果；用绿色丙烯颜料刷叶子。

18-19 用绿色胶带把刺球和
叶子固定在一起，将露出的
铁丝用树脂黏土包上。

20 用上述方法再制作若干刺
球和叶子，可以插在花瓶内，
也可以做成盆景。刺球盆景
制作完成。

Chapter 22

小鲸鱼摆件

# 小鲸鱼摆件

主要材料和工具:
1. 适量浅蓝色、黑色、白色超轻黏土。
2. 丸棒、小刀、剪刀、擀棒。
3. 便签夹、弹簧。

## 制作步骤:

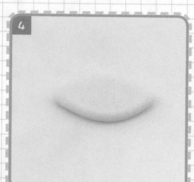

1 把浅蓝色超轻黏土搓成胖水滴形,把尖头向上方捏弯。

2 用丸棒压出眼睛的凹坑,用小刀沿底部划出肚子的位置。

3-7 搓一个类似菱形的图形并压扁,从中间剪开,把每一半修成小扇形,再把它们粘在一起,做尾巴,然后粘在合适的位置上。

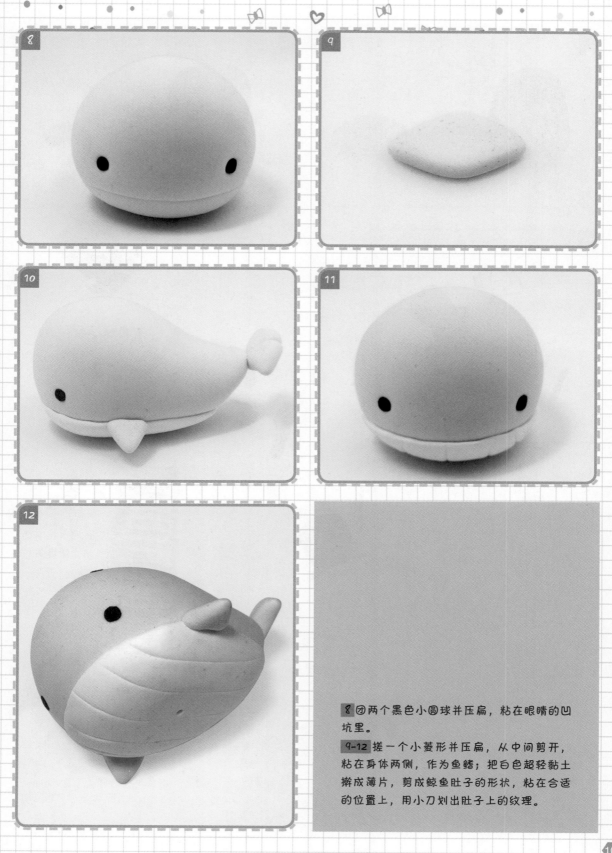

8 团两个黑色小圆球并压扁，粘在眼睛的凹坑里。

9-12 搓一个小菱形并压扁，从中间剪开，粘在身体两侧，作为鱼鳍；把白色超轻黏土擀成薄片，剪成鲸鱼肚子的形状，粘在合适的位置上，用小刀划出肚子上的纹理。

13 | 14

15

侧面效果

也可以在下面
粘上弹簧哦！

13-14 搓一个一端细、一端粗的黑色柱体，
再团一个黑色圆球并压扁，把它们组合成一
顶帽子。然后，搓黑色细长条，把它弯成拐
杖的样子。

15 如图，把帽子和拐杖粘在合适的位置上，
再插上便签夹。小鲸鱼摆件制作完成。

Chapter 23

# 郁金香摆件

# 郁金香
# 摆件

主要材料和工具：
1. 适量黄绿色、浅粉红色树脂黏土。
2. 铁丝、擀棒、叶脉模具、剪刀、细节棒。
3. 粉红色、绿色、黄色丙烯颜料，毛笔。
4. 胶带、自行车摆件。

## 制作步骤：

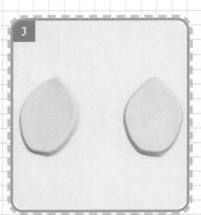

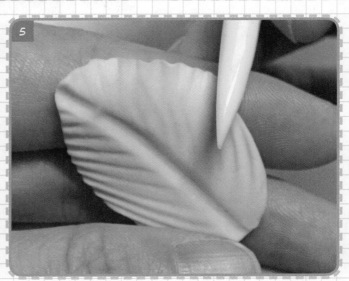

**1** 如图，将铁丝包上黄绿色树脂黏土。

**2** 把浅粉红色树脂黏土搓成大的胖水滴形，并插在铁丝上。

**3-5** 把浅粉红色树脂黏土擀成薄片，剪成花瓣的样子，在叶脉模具上压出纹理，或用细节棒画出纹理，翻到正面后再修整花瓣边缘。

6-8 把花瓣翻到背面，用大拇指按压它的中部，让它微微向下凹陷。用上述方法再做几片花瓣。

9-10 把花瓣依次垂直地包在胖水滴形外面。

11-12 继续把花瓣逐层地包裹起来。

13-17 把黄绿色树脂黏土擀成薄片，剪成叶子的样子，在叶脉模具上压出叶脉或是画出叶脉；再修整叶子边缘和中心叶脉；之后，把铁丝插入中心叶脉的内部。

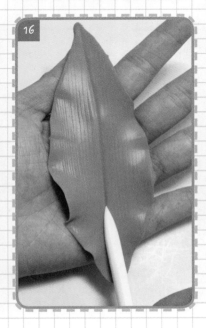

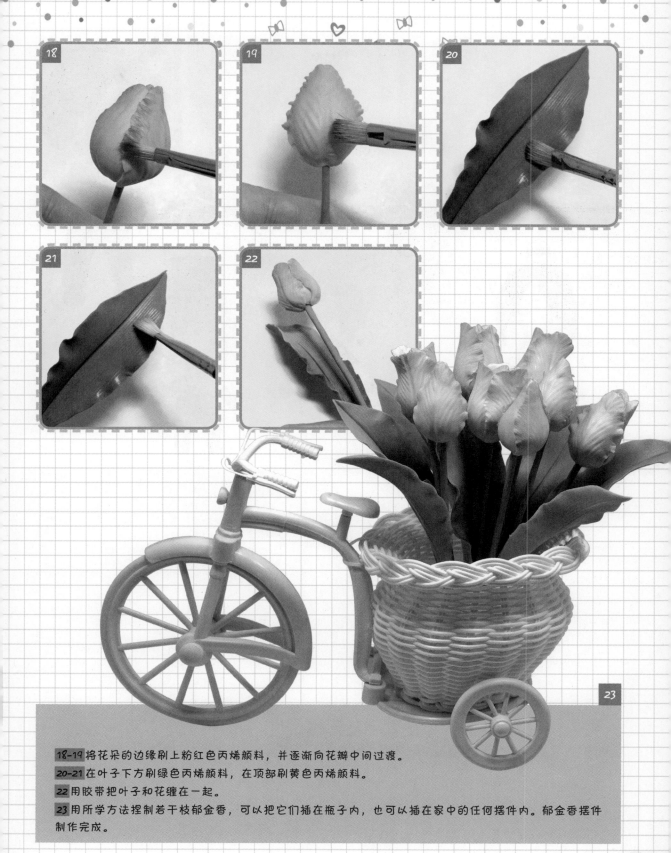

**18-19** 将花朵的边缘刷上粉红色丙烯颜料，并逐渐向花瓣中间过渡。

**20-21** 在叶子下方刷绿色丙烯颜料，在顶部刷黄色丙烯颜料。

**22** 用胶带把叶子和花缠在一起。

**23** 用所学方法捏制若干枝郁金香，可以把它们插在瓶子内，也可以插在家中的任何摆件内。郁金香摆件制作完成。

**图书在版编目（CIP）数据**

超爱玩黏土．食玩饰品／墨叔手工工作室编著．—郑
州：河南美术出版社，2019.7
ISBN 978-7-5401-4725-9

Ⅰ．①超… Ⅱ．①墨… Ⅲ．①粘土—手工艺品—制
作—青少年读物 Ⅳ．① TS973.5-49

中国版本图书馆 CIP 数据核字（2019）第 087821 号

**超爱玩黏土**
**食玩饰品**

墨叔手工工作室　编著

策　　划　陈宁
责任编辑　孟繁益
责任校对　管明锐
装帧设计　唐孟妍
执行设计　于秀丽
出版发行　河南美术出版社
地　　址　郑州市金水东路 39 号
电　　话　（0371）65788198
制　　版　河南金鼎美术设计制作有限公司
印　　刷　郑州印之星印务有限公司
开　　本　787mm×1092mm　1/16
印　　张　7
字　　数　167 千字
版　　次　2019 年 7 月第 1 版
印　　次　2019 年 7 月第 1 次印刷
书　　号　ISBN 978-7-5401-4725-9
定　　价　39.80 元